# 暢飲100

## (冰砂、冰咖啡、冰茶&果汁)

# 一定要學會的冰飲100

炎炎夏日，走在大街小巷，穿梭於果汁吧、餐飲店與超市時，面對許多沁涼到心底的涼飲，一定很心動吧！但想起衛生與熱量的問題，於是又怯步了。其實在家製作涼飲並不難，新鮮蔬果的營養價值很高而且很天然，常食用不但可以養生保健，又可以補充水份保持粉粉嫩嫩的好氣色。藉由本書教大家製作簡易的冰砂、冰咖啡、冰茶和果汁，除了在家暢飲，也可招待客人喔！

本書包含100道時下最流行的冰砂、冰咖啡、冰茶和果汁，並提供詳盡的工具材料圖說以及製作祕訣，由資深飲料女王蔣馥安老師製作，這3個月就跟著老師1天做一道冰飲，暢飲一夏選擇多多，在家躺著消暑吧！

*How to Use

## 本書使用須知

### 1.食譜份量

每杯份量皆為350c.c.，若須大量製作，只要按照材料份量等比例增加即可。

### 2.稱量單位

材料份量愈正確愈容易做成功，所以稱量動作一定要確實，才不會做出太稀、太濃稠或無味的冰砂；而糖水、蜂蜜或果糖的甜度，可依個人喜好酌量增減。單位換算請參考表❶。

### 3.材料重量換算

書中所使用的水果，除了較難論斷大小的西瓜、木瓜、哈密瓜、鳳梨及蘋果等，或體積小於1/6等份者，以g.（公克）計量，其他水果均以一般常見的中型為主，計量單位為個、粒，重量參考依據表❷。

表❶：稱量單位說明

液體容量換算

1大匙＝15c.c.
1小匙＝5c.c.
1/2小匙＝2.5c.c.
1/4小匙＝1.25c.c.
1oz.（盎司）＝30c.c.
1/2oz.＝15c.c.

重量換算

1公斤＝1,000g.
1台斤＝600g.

表❷：材料重量換算說明

檸檬1個150g.，可壓汁30c.c.
柳橙1個150g.，可壓汁45c.c.
金桔1粒3g.，可壓汁4c.c.
奇異果1個66g.
百香果1個15g.
草莓1粒18g.
葡萄1粒6g.
小藍莓1粒4g.
烏梅1粒2g.
桑葚1粒2g.
冰淇淋1大球40g.
1中球35g.
1小球30g.

# 工具 *Utensils

想做出好喝的涼飲，要準備的工具和材料其實不多，先了解它們的功用，充分應用隨手可得的水果、蔬菜、花草茶葉及咖啡，就可以變化出多種口味的各式飲品了。

## 冰砂機 Smart Blender

屬商業用果汁機，一台約需5,000~20,000元，可直接將冰塊攪打成泥狀，節省很多時間。

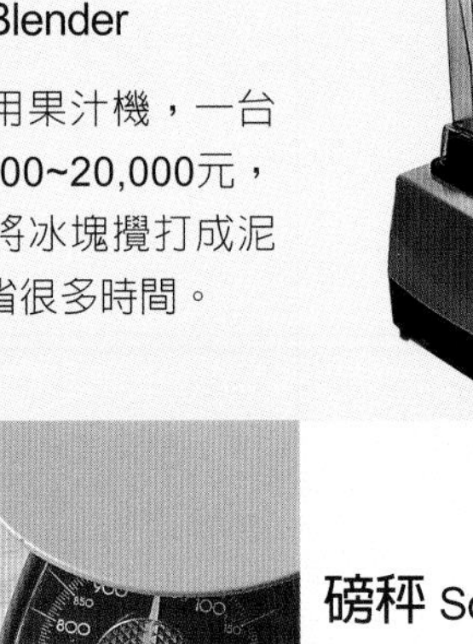

## 果汁機 Blender

可將水果、蔬菜、冰塊攪打成泥狀，做成蔬果汁或冰砂；冰塊在攪打前要先以冰袋包好，利用敲冰器敲碎後再放入果汁機中，如此果汁機才不會損壞。

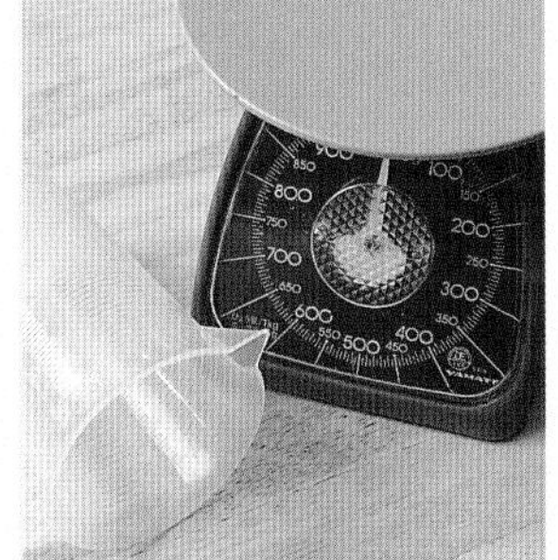

## 磅秤 Scale

一般家庭使用以1公斤較適宜，選購時須注意是否有貼「衡器檢定合格單」，才不會買到劣質的磅秤。

## 量匙 Measuring Spoons

大型超市、烘焙器材行均有售，每一組包括4支大小不同的量匙，

1大匙＝15c.c.、
1小匙＝5c.c.、
1/2小匙＝2.5c.c.、
1/4小匙＝1.25c.c.。

## 量杯 Measuring Cup

測量液體、食物的計量杯，以刻度清楚、透明度高，容易辨識清楚為選購原則。

## 敲冰器 Knock Ice Cube tool

方便敲碎冰塊，至大型超市或五金行購買，也可以新的鐵鎚代替，但千萬別再拿去敲釘子，很不衛生的。

## 冰袋 Ice Cube Bag

以乾淨堅固的布縫成袋子，將冰塊包在裡面，敲成碎冰；每次使用完須曬乾後再收藏。也可直接以厚布包裹冰塊再敲碎。

## 咖啡機：Coffee Maker

最常見的有美式咖啡機、義大利咖啡機、摩卡壺和虹吸式咖啡壺，適合各種需求的消費者。美式咖啡機和義大利咖啡機操作簡單，摩卡壺和虹吸式咖啡壺則較需要守候在旁操作，而以虹吸式咖啡壺煮出來的咖啡最香且好喝；但要煮出時下最流行的義式咖啡（拿鐵、卡布奇諾）則要選擇義大利咖啡機和摩卡壺。

## 酒吧長匙 Bar Spoon

攪拌溶液的工具，也可以利用長湯匙或筷子攪拌。

## 盎司杯 Measurer

測量液體容量的工具，常見的大小，一端為1oz.，另一端為1 1/2oz.容量；每1oz.約為28c.c.～30c.c.。

## 杯子 Cup

裝盛冰砂、果汁的透明杯子，或漂亮優雅的杯子，本書所運用的杯子均以350c.c.容量為標準。

## 雪克壺 Shaker

又稱雪克杯，以不鏽鋼材質最理想；是搖勻果汁、紅茶或雞尾酒的工具，倒入杯中，表面會有一層泡沫。

## 咖啡壺 Coffe Kettle

煮咖啡的器具可自由選擇，建議使用義大利蒸餾咖啡壺（又稱摩卡壺）或虹吸式咖啡壺，不僅較經濟，煮出來的咖啡才會香濃好喝。義大利蒸餾咖啡壺是利用高壓蒸氣萃取咖啡，外型輕巧美觀；虹吸式咖啡壺是利用下壺水透過真空管上升到上壺與咖啡粉接觸，待融解後便熄火，讓咖啡下降至下壺中。

## 壓汁器 Extracter

有手動及電動兩種，可將檸檬、柳橙、葡萄柚等水果壓成汁，超市、電器用品店均有販售。

## 砧板 Chopping Board

切水果、蔬菜須有專用的砧板，不宜和肉類砧板混合使用。

## 水果刀 Fruit Knife

多數的水果皆是生食，所以切割水果須有固定的刀具，不宜選擇肉類刀具來切水果，以符合衛生。

## 削皮刀 Peeler

去除水果皮（如蘋果、柳橙）時很方便又安全，超市及五金行皆可買到。

## 過濾網 Sieve

過濾茶渣、殘渣，使果汁及茶水清澈；可依個人需要選擇尺寸，大型超市、五金行均有售。

# 材料 * Ingredents

DRINK 100

## 水果 Fruit

可選擇當季生產的各種新鮮水果，使用前務必洗淨並去皮，以免殘留農藥；果肉容易變色的水果(如蘋果、梨等)，可先以少許鹽水浸泡。本書中所使用的水果大小以中型為主，建議各買1~2個。

## 蔬菜 Vegetables

Measurer

宜選擇葉子顏色較綠、表面無傷痕潰爛、色澤新鮮、不乾燥者為佳；使用前務必將菜葉完全洗淨，特別是高麗菜、萵苣等結球蔬菜，清洗前最好將每片菜葉剝下，再一片片清洗，才能確保農藥完全洗淨。

## 糖漿 Syrup

經由加工製成的各種水果糖漿，如藍柑汁、紅石榴汁、杏仁糖漿、鳳梨糖漿等。

DRINK 100

## 花草茶葉 Flower and Plant Leaves

可至百貨公司的超市、香料行、茶葉店購買乾燥花草茶葉（如玫瑰花、茉莉花、紫羅蘭、迷迭香、薰衣草、薄荷等），須注意花瓣及茶葉的顏色是否變色或枯萎，用不完可以放冰箱冷藏，但切忌放置過久，以免不新鮮。

## 果粒茶葉 Fruit and Plant Granule Leaves

由各種乾燥水果果實、植物製成，富含豐富維他命C，具養顏美容的功效，可依個人喜好選擇口味，花茶店及大型超市均售。

## 紅茶 Black Tea

紅茶具幫助腸胃消化、利尿、消水腫的功能，可使用市售紅茶包，沖泡的水溫不可過高（約90℃），否則紅茶會變澀。

## 咖啡 Coffee

咖啡有粉狀及豆子兩種，後者需自己磨碎。口味有很多種（如藍山、巴西、摩卡、義大利咖啡等），可依個人喜好選擇。

## 乳酸製品 Milk Products

乳酸製品有優格、優酪乳、可爾必思及養樂多，乳酸菌可以增進腸子正常蠕動，將不乾淨的細菌及食物殘留的蛋白質排出，促進良好的排便習慣。市售各種廠牌皆可使用，但建議選購原味較不會蓋過蔬果汁的味道，一般超市或材料行均售。

## 鮮奶 Milk

分全脂、低脂、高鈣三種，製作飲料盡量選擇全脂，如此味道才會香濃；怕胖的人，也可以選擇低脂鮮奶，但口味較差。

## 煉乳 Condensed Milk

利用新鮮生奶加蔗糖經殺菌濃縮，再裝罐密封，比一般鮮奶甜，超市均可買到，1罐約60~70元。

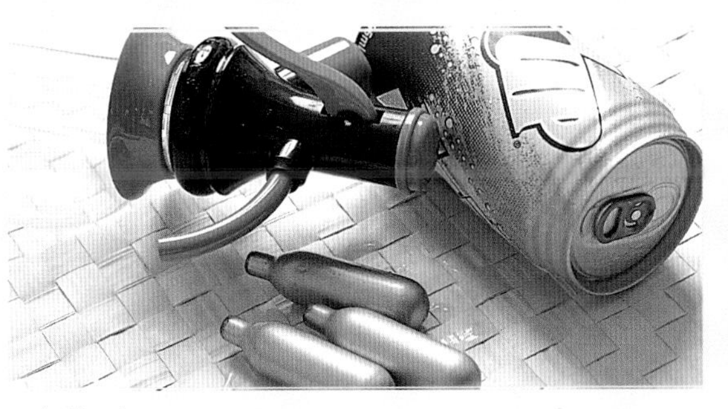

## 白汽水 Soda

指一般的七喜、雪碧、黑松及蘇打汽水，七喜味道較不甜；雪碧、黑松味道稍甜，三者皆適合家用冰砂。蘇打汽水為開店常用的材料，以蘇打槍、子彈加壓而成。

## 蜂蜜 Honey

由花粉中提煉出來的濃稠性糖漿，加入飲料中可以增添美味，因具甜味，可依個人喜好酌量添加。

## 果糖 Fructose

市售的各式果糖均可，果糖糖份濃度有65％及90％兩種，濃度65%的果糖可直接製作糖水，不需以冷開水稀釋；糖份濃度90%果糖，則須稀釋再使用，不可直接倒入果汁機中，果糖如果太甜會吸走冰砂本身的香味，不夠甜則香味不易釋放出來；若有時間也可以自製糖水。

## 巧克力醬 Chocolate Sauce

巧克力醬有膏狀與醬狀兩種，多用於西點及飲料的調味，可至超市或烘焙材料行購買，1瓶約60~70元。

## 酒 Wine

蘭姆酒是最常使用的酒類，由甘蔗汁提煉而成，顏色呈琥珀色，具濃烈的甜味；其他常用的包括白蘭地酒、葡萄酒等。

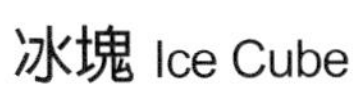

## 冰塊 Ice Cube

可利用家裡冰箱的製冰盒結冰塊，或直接至超市買現成袋裝的冰塊，但自製的冰塊較衛生。

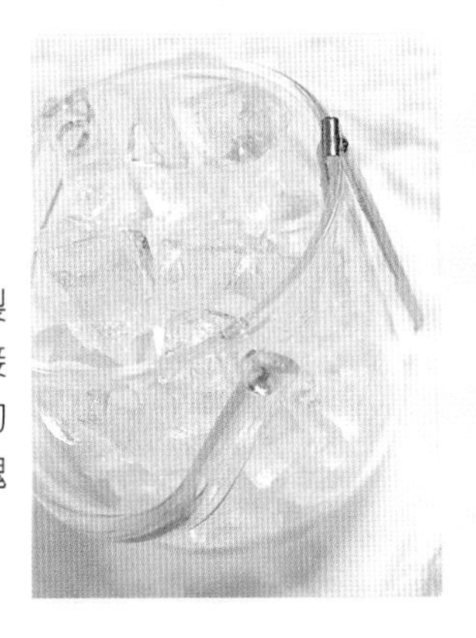

# DRINK 100 contents



## ONE · 最流行冰砂 *

## TWO · 冰茶涼一下 *

# DRINK 100 contents

## THREE · 痛快喝果汁 *

## FOUR · 喝咖啡好品味 *

# Step by Step
# 做出香濃好喝的冰砂

做冰砂並不難，只要將手邊容易取得的材料，如水果、咖啡、花草茶，加入冰塊及果糖，以果汁機或冰砂機攪打，就可以嘗到像小石子般細細沙沙的冰砂。

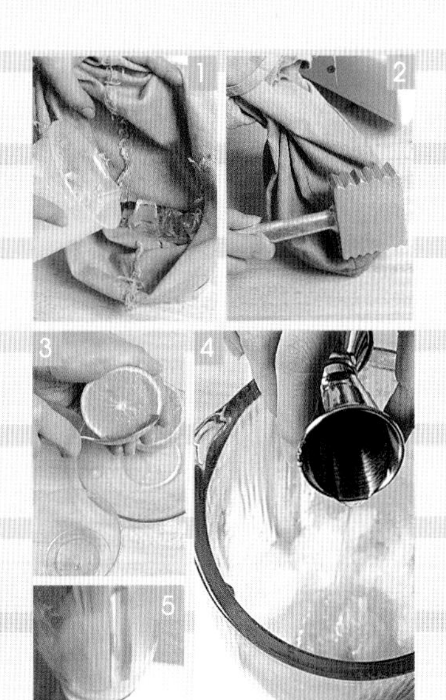

## ✻做法

**1.** 冰塊放入冰袋（或堅固的厚布）中包好。

**2.** 以敲冰器將冰塊敲碎。

**3.** 水果洗淨切小塊，或以湯匙挖出果肉備用。

**4.** 將碎冰、果肉及其他材料放入果汁機中。

**5.** 以高速先攪打10秒鐘，再以酒吧長匙略微拌一拌後，繼續攪打20秒鐘即可。

＊若以冰砂機攪打，冰塊不須敲碎，轉高速攪打**20**秒鐘即可。

## ✻做出好喝冰砂的訣竅

**1.** 材料須新鮮，確實洗淨。

**2.** 所有材料的份量要確實測量，不可任意刪減，材料過少會沒味道；過多易太濃。

**3.** 以果汁機製作冰砂，冰塊須敲碎，才容易攪打成細泥狀，且不傷害機器。

**4.** 冰塊須放足夠，否則打出來的冰砂會太稀。

**5.** 較大的水果，須先將果肉切小塊，以利果汁機攪打均勻。

# ONE 最流行冰砂

最IN最受歡迎的世紀級可口冰砂……

◆果糖：市售的果糖糖份濃度有90％及65％兩種，若糖份濃度為90％，不可直接倒入果汁機中，須以果糖與冷開水2：1的比例（如：60c.c.果糖加30c.c.水拌勻即可）稀釋成糖水，再倒入果汁機製作冰砂，才不會太甜或無甜味。太甜的果糖會吸走冰砂本身的香味，不夠甜則香味不易釋放出來。若糖份濃度為65%，則不須以冷開水稀釋。

◆自製糖水：以650g.細砂糖加上600c.c.水煮滾即可，可一次多煮些，放冰箱冷藏備用；甜度可依個人喜好酌量增減。

# 01* 卡布奇諾冰砂

**Tips**
以義大利咖啡豆及咖啡機煮咖啡，味道較濃郁且香，較適合製作冰砂；你也可以使用美式咖啡機及虹吸式咖啡壺，但煮出來的咖啡較稀；如果直接使用市售的即溶咖啡，口味會差很多。

**|材料|**

義大利咖啡粉16g.、水80c.c.、鮮奶油30c.c.、蜂蜜15c.c.、糖水30c.c.、碎冰275g.

**|做法|**

1. 準備60c.c.義大利咖啡（做法見P. 94）。
2. 碎冰、咖啡及其他材料放入果汁機中，以高速先攪打10秒鐘。
3. 以酒吧長匙略微拌一拌，再繼續攪打20秒鐘即可。

# 02* 咖啡巧酥冰砂

**|材料|**

義大利咖啡粉16g.、水80c.c.、鮮奶油 30c.c.、巧克力夾心餅乾2片、糖水45c.c.、碎冰250g.

**|做法|**

1. 準備60c.c.義大利咖啡（做法見P. 94）。
2. 碎冰、咖啡及其他材料放入果汁機中，以高速先攪打10秒鐘。
3. 以酒吧長匙略微拌一拌，再繼續攪打20秒鐘即可搭配巧克力餅乾食用。

01/02

鴛鴦冰砂

# 03*
# 鴛鴦冰砂

| 材料 |

義大利咖啡粉10g.、水40c.c.、紅茶包2包、奶精粉20g.、糖水 30c.c.、碎冰 250g.、熱開水100c.c.

| 做法 |

1. 準備30c.c.義大利咖啡（做法見P. 94）。
2. 熱開水倒入容器中，放入紅茶包，浸泡5分鐘後取出，將整個容器放入另一個大鍋中，隔冰水冷卻後，再將紅茶倒入果汁機。
3. 倒入義大利咖啡、奶精粉、糖水及碎冰，以高速先攪打10秒鐘，再以酒吧長匙略微拌一拌，繼續攪打20秒鐘即可。

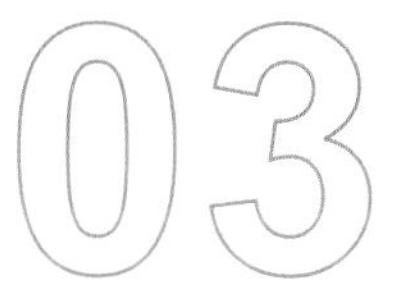

奶茶冰砂

檸檬紅茶冰砂

# 04* 奶茶冰砂

| 材料 |

紅茶包4包、奶精粉45g.、糖水30c.c.、碎冰250g.、熱開水100c.c.

| 做法 |

1. 熱開水倒入容器中，放入紅茶包，浸泡5分鐘後取出，將整個容器放入另一個大鍋中，隔冰水冷卻後，再將紅茶倒入果汁機。
2. 加入奶精粉、糖水、碎冰，以高速先攪打10秒鐘，再以酒吧長匙略微拌一拌，繼續攪打20秒鐘即可。

# 05* 檸檬紅茶冰砂

**Tips**

沖泡熱紅茶的容器須具耐熱耐冰的特質，以免因熱漲冷縮而造成破裂，可選擇不鏽鋼的雪克壺或鍋子。

| 材料 |

紅茶包4包、檸檬2/3個、蜂蜜30c.c.、碎冰250g.、熱開水100c.c.

| 做法 |

1. 檸檬洗淨，取2/3個壓汁成約20c.c.。
2. 熱開水倒入容器中，放入紅茶包，浸泡5分鐘後取出，將整個容器放入另一個大鍋中，隔冰水冷卻後，再將紅茶倒入果汁機。
3. 加入檸檬汁、蜂蜜、碎冰，以高速先攪打10秒鐘，再以酒吧長匙略微拌一拌，繼續攪打20秒鐘即可。

04/05

# 06*

## 香草冰砂

| 材料 |

香草冰淇淋40g.、鮮奶90c.c.、糖水30c.c.、碎冰 275g.

| 做法 |

**1.** 碎冰、冰淇淋及其他材料放入果汁機中，以高速先攪打10秒鐘。

**2.** 以酒吧長匙略微拌一拌，再繼續攪打20秒鐘即可。

# 07*

## 巧克力冰砂

| 材料 |

巧克力醬60c.c.、可可粉10g.、熱開水90c.c.、糖水15c.c.、碎冰250g.

| 做法 |

**1.** 巧克力醬、可可粉、熱開水、糖水依序倒入鍋子攪拌均勻，再放入另一個大鍋中，隔冰水冷卻後，將巧克力可可汁倒入果汁機。

**2.** 倒入碎冰，以高速先攪打10秒鐘。再以酒吧長匙略微拌一拌，再繼續攪打20秒鐘即可。

# 08*

## 杏仁冰砂

| 材料 |

杏仁粉20g.、奶精粉10g.、熱開水90c.c.、糖水30c.c.、碎冰250g.

| 做法 |

1. 杏仁粉、奶精粉、熱開水、糖水依序倒入鍋子攪拌均勻，再放入另一個大鍋中，隔冰水冷卻後，將杏仁汁倒入果汁機。
2. 倒入碎冰，以高速先攪打10秒鐘。再以酒吧長匙略微拌一拌，繼續攪打20秒鐘即可。

# 09*

## 優格冰砂

| 材料 |

優格100g.、白汽水30c.c.、糖水30c.c.、碎冰275g.

| 做法 |

1. 碎冰、優格及其他材料放入果汁機中，以高速先攪打10秒鐘。
2. 以酒吧長匙略微拌一拌，再繼續攪打20秒鐘即可。

綠豆沙冰砂

紅豆沙冰砂

# 10* 綠豆沙冰砂

Tips
可至超市購買已煮熟的蜜綠豆，也可親自煮綠豆：取90g.綠豆泡水30分鐘，瀝乾後倒入鍋中，加入630c.c.水及30c.c.糖水煮滾即可。

｜材料｜
蜜綠豆90g.、鮮奶60c.c.、香草冰淇淋30g.、碎冰250g.

｜做法｜
1. 碎冰、蜜綠豆及其他材料放入果汁機中，以高速先攪打10秒鐘。
2. 以酒吧長匙略微拌一拌，再繼續攪打20秒鐘即可。

# 11* 紅豆沙冰砂

Tips
可至超市購買已煮熟的蜜紅豆，煮法與份量同綠豆。

｜材料｜
蜜紅豆90g.、鮮奶60c.c.、香草冰淇淋30g.、糖水30c.c.、碎冰250g.

｜做法｜
1. 碎冰、蜜紅豆及其他材料放入果汁機中，以高速先攪打10秒鐘。
2. 以酒吧長匙略微拌一拌，再繼續攪打20秒鐘即可。

10/11

橘子冰砂

# 12*
# 橘子冰砂

｜材料｜

橘子2個、糖水60c.c.、碎冰250g.

｜做法｜

1. 橘子洗淨剝皮，切小塊。

2. 碎冰、橘子及其他材料放入果汁機中，以高速先攪打10秒鐘。

3. 以酒吧長匙略微拌一拌，再繼續攪打20秒鐘即可。

12

# 13* 草莓冰砂

| 材料 |

草莓7粒、糖水45c.c.、白汽水15c.c.、碎冰250g.

| 做法 |

**1.** 草莓洗淨去蒂，切小塊。

**2.** 碎冰、草莓及其他材料放入果汁機中，以高速先攪打10秒鐘。

**3.** 以酒吧長匙略微拌一拌，再繼續攪打20秒鐘即可。

|材料|

奇異果2個、糖水30c.c.、白汽水15c.c.、碎冰250g.

|做法|

1. 奇異果洗淨，對切後以湯匙挖出果肉備用。

2. 碎冰、奇異果及其他材料放入果汁機中，以高速先攪打10秒鐘。

3. 以酒吧長匙略微拌一拌，再繼續攪打20秒鐘即可。

葡萄冰砂

藍莓冰砂

# 藍莓冰砂

**Tips**
小藍莓在一般超市較難見到，可至傳統市場購買，也可以選擇小藍莓濃縮汁代替。

**｜材料｜**
小藍莓30粒、糖水30c.c.、白汽水15c.c.、鮮奶30c.c.、碎冰250g.

**｜做法｜**
1. 小藍莓洗淨去蒂，切小塊。
2. 碎冰、小藍莓及其他材料放入果汁機中，以高速先攪打10秒鐘。
3. 以酒吧長匙略微拌一拌，再繼續攪打20秒鐘即可。

# 16*
# 葡萄冰砂

**｜材料｜**
葡萄20粒、糖水45c.c.、白汽水30c.c.、碎冰250g.

**｜做法｜**
1. 葡萄洗淨，剝皮去籽。
2. 碎冰、葡萄及其他材料放入果汁機中，以高速先攪打10秒鐘。
3. 以酒吧長匙略微拌一拌，再繼續攪打20秒鐘即可。

15/16

# 17* 檸檬冰砂

| 材料 |

檸檬1 1/2個、蜂蜜45c.c.、碎冰250g.

| 做法 |

1. 檸檬洗淨，去皮（取少許切碎備用），果肉再壓汁約45c.c.。
2. 碎冰、檸檬汁、檸檬皮及其他材料放入果汁機中，以高速先攪打10秒鐘。
3. 以酒吧長匙略微拌一拌，再繼續攪打20秒鐘即可。

# 18*
# 什錦水果冰砂

| 材料 |

蘋果30g.、鳳梨30g.、柳橙1個、檸檬1/2個、糖水30c.c.、碎冰250g.

| 做法 |

1. 蘋果洗淨去皮及核籽，取30g.果肉切小塊，鳳梨果肉切小塊，柳橙洗淨對切，壓汁成約45c.c.，檸檬洗淨對切，取1/2個壓汁成約15c.c.。
2. 碎冰、所有果肉及其他材料放入果汁機中，以高速先攪打10秒鐘。
3. 以酒吧長匙略微拌一拌，再繼續攪打20秒鐘即可。

# 19*

## 蔬果冰砂

| 材料 |

哈密瓜120g.、西洋芹60g.、檸檬15g.、蜂蜜30c.c.、碎冰250g.

1. 哈密瓜洗淨對切後去籽，以湯匙挖出130g.果肉，西洋芹洗淨切段，榨汁成約30c.c.，檸檬洗淨對切，以湯匙挖出15g.果肉備用。
2. 碎冰、哈密瓜、西洋芹、檸檬及其他材料放入果汁機中，以高速先攪打10秒鐘。
3. 以酒吧長匙略微拌一拌，再繼續攪打20秒鐘即可。

# 20*

## 烏梅冰砂

| 材料 |

烏梅15粒、烏梅汁60c.c.、糖水30c.c.、白汽水30c.c.、碎冰250g.

1. 烏梅去籽備用。
2. 碎冰、烏梅及其他材料放入果汁機中，以高速先攪打10秒鐘。
3. 以酒吧長匙略微拌一拌，再繼續攪打20秒鐘即可。

## 22*

# 水蜜桃冰砂

**｜材料｜**

水蜜桃130g.、糖水30c.c.、白汽水30c.c.、碎冰250g.

1. 水蜜桃洗淨剝皮，去核後取130g.果肉切小塊。
2. 碎冰、水蜜桃及其他材料放入果汁機中，以高速先攪打10秒鐘。
3. 以酒吧長匙略微拌一拌，再繼續攪打20秒鐘即可。

## 21*

# 鳳梨冰砂

**｜材料｜**

鳳梨100g.、糖水45c.c.、碎冰250g.

1. 鳳梨果肉切小塊。
2. 碎冰、鳳梨及其他材料放入果汁機中，以高速先攪打10秒鐘。
3. 以酒吧長匙略微拌一拌，再繼續攪打20秒鐘即可。

# 24*
## 檸檬微酸冰砂

| 材料 |

檸檬1個、鳳梨45g.、可爾必思45c.c.、蜂蜜15c.c.、糖水30c.c.、碎冰250g.

| 做法 |

1. 檸檬洗淨對切，壓汁成約30c.c.，鳳梨果肉切小塊。
2. 碎冰、水果及其他材料放入果汁機中，以高速先攪打10秒鐘。
3. 以酒吧長匙略微拌一拌，再繼續攪打20秒鐘即可。

# 23*
## 柳橙薄荷冰砂

| 材料 |

柳橙2/3個、薄荷蜜45c.c.、鮮奶15c.c.、蜂蜜30c.c.、碎冰250g.

| 做法 |

1. 柳橙洗淨，取2/3個壓汁成約30c.c.。
2. 碎冰、柳橙汁及其他材料放入果汁機中，以高速先攪打10秒鐘。
3. 以酒吧長匙略微拌一拌，再繼續攪打20秒鐘即可。

# 25* 百香鳳梨冰砂

**| 材料 |**

百香果2個、鳳梨45g.、柳橙1個、紅石榴汁15c.c.、碎冰 250g.

1. 百香果洗淨後對切，以湯匙挖出果肉，鳳梨果肉切小塊，柳橙洗淨對切，壓汁成約45c.c.。
2. 碎冰、百香果及其他材料放入果汁機中，以高速先攪打10秒鐘。
3. 以酒吧長匙略微拌一拌，再繼續攪打20秒鐘即可。

# 26* 葡萄柳橙冰砂

**| 材料 |**

葡萄10粒、柳橙2/3個、鳳梨30g.、鮮奶油30c.c.、蜂蜜15c.c.、碎冰250g.

1. 葡萄洗淨後剝皮去籽，柳橙洗淨，取2/3個壓汁成約 30c.c.，鳳梨果肉切小塊備用。
2. 碎冰、水果及其他材料放入果汁機中，以高速先攪打10秒鐘。
3. 以酒吧長匙略微拌一拌，再繼續攪打20秒鐘即可。

玫瑰花蜜冰砂

# 27*
# 玫瑰花蜜冰砂

**Tips**
紅石榴汁為新鮮紅石榴果實加工製成的糖漿，多半用來調配雞尾酒和冷熱飲料，可以增加飲品的口味及美感。

| **材料** |
玫瑰花30g.、紅石榴汁45c.c.、鮮奶45c.c.、蜂蜜30c.c.、碎冰250g.

| **做法** |
1. 玫瑰花洗淨。
2. 碎冰、玫瑰花及其他材料放入果汁機中，以高速先攪打10秒鐘。
3. 以酒吧長匙略微拌一拌，再繼續攪打20秒鐘即可。

**Tips**
◆玫瑰花可治內分泌失調，消除腰痠背痛及疲勞，更可以幫助傷口快速癒合。
◆乾燥植物可以先放入濾網中，再用活水沖淨，瀝乾後即可放入果汁機中，與其他食材一起攪打。

27

紅西瓜檸檬草冰砂

哈密瓜玫瑰冰砂

# 28* 紅西瓜檸檬草冰砂

**Tips**
檸檬草含豐富維生素C，可消除身體多餘脂肪，因為具檸檬香味，常是泰國菜及越南菜不可或缺的食材。

| 材料 |
紅西瓜100g.、檸檬草10g.、熱開水60c.c.、糖水30c.c.、碎冰285g.

| 做法 |
1. 紅西瓜洗淨對切去籽，以湯匙挖出100g.果肉。
2. 檸檬草洗淨後放入容器中，加入熱開水，浸泡5分鐘後取出，將整個容器放入另一個大鍋中，隔冰水冷卻後，再將檸檬草汁倒入果汁機。
3. 加入紅西瓜果肉、糖水、碎冰，以高速先攪打10秒鐘，再以酒吧長匙略微攪拌，繼續攪打20秒鐘即可。

# 29* 哈密瓜玫瑰冰砂

| 材料 |
哈密瓜100g.、玫瑰花10g.、檸檬1/2個、熱開水60c.c.、蜂蜜30c.c.、碎冰285g.

| 做法 |
1. 哈密瓜洗淨，對切後去籽，以湯匙挖出100g.果肉，檸檬洗淨對切，取1/2個壓汁成約15c.c.。
2. 玫瑰花洗淨後放入容器中，加入熱開水，浸泡5分鐘後取出，將整個容器放入另一個大鍋中，隔冰水冷卻後，再將玫瑰花汁倒入果汁機。
3. 加入哈密瓜果肉、檸檬汁、蜂蜜及碎冰，以高速先攪打10秒鐘，再以酒吧長匙略微攪拌，繼續攪打20秒鐘即可。

28/29

DRINK
100
蘋果果粒冰砂
蘋果檸檬果粒冰砂

# 30*
# 蘋果果粒冰砂

| 材料 |

果粒茶20g.、蘋果45g.、熱開水60c.c.、蜂蜜45c.c.、碎冰250g.

| 做法 |

1. 蘋果洗淨去皮去核籽，取45g.果肉切小塊。
2. 果粒茶、熱開水倒入容器中，浸泡5分鐘後取出茶渣，將整個容器放入另一個大鍋中，隔冰水冷卻後，再將果粒茶倒入果汁機。
3. 放入蘋果、蜂蜜及碎冰以高速先攪打10秒鐘，再以酒吧長匙略微拌一拌，繼續攪打20秒鐘即可。

# 31*
# 蘋果檸檬果粒冰砂

| 材料 |

果粒茶20g.、蘋果45g.、檸檬皮少許、熱開水60c.c.、蜂蜜45c.c.、碎冰250g.

| 做法 |

1. 蘋果洗淨去皮去核籽，取45g.果肉切小塊，檸檬洗淨，取少許皮切細絲。
2. 果粒茶、熱開水倒入容器中，浸泡5分鐘後取出茶渣，將整個容器放入另一個大鍋中，隔冰水冷卻後，再將果粒茶倒入果汁機。
3. 放入蘋果、檸檬皮、蜂蜜及碎冰以高速先攪打10秒鐘，再以酒吧長匙略微拌一拌，繼續攪打20秒鐘即可。

30/31

# TWO 冰茶涼一下

最沁涼好喝又健康的冰紅茶、奶茶……

DRINK
100
新鮮水果茶
冰桔茶

# 32*
# 新鮮水果茶

|材料|

紅茶包2個、熱開水150c.c.、柳橙2 1/3個、柳橙果肉10g.、檸檬1/6個、檸檬果肉10g.、蘋果10g.、鳳梨10g.、糖水30c.c.、冰塊200g.

|做法|

1. 柳橙洗淨，取2 1/3個壓汁成約100c.c.；柳橙果肉切小丁；檸檬洗淨，取1/6個壓汁成約5c.c.，檸檬果肉切小丁；蘋果洗淨去皮，去核籽後取10g.果肉切小丁；鳳梨果肉切小丁，將所有水果丁放入杯中。
2. 雪克壺中倒入熱開水，放入紅茶包，浸泡3分鐘後取出茶包。
3. 倒入柳橙汁、檸檬汁、糖水及冰塊，蓋緊蓋子搖動10～20下，倒入杯中即可。

# 33*
# 冰桔茶

|材料|

紅茶包2個、熱開水150c.c.、金桔7粒、柳橙2個、檸檬1/6個、桔子果醬6g.、蜂蜜30c.c.、冰塊200g.

|做法|

1. 金桔洗淨對切，壓汁約30c.c.，將金桔皮放入杯中；柳橙洗淨對切，壓汁成約90c.c.；檸檬洗淨，取1/6個壓汁成約5c.c.。
2. 雪克壺中倒入熱開水，放入紅茶包，浸泡3分鐘後取出茶包。
3. 倒入桔子果醬，攪拌至溶解，再加入金桔汁、柳橙汁、檸檬汁、蜂蜜及冰塊，蓋緊蓋子搖動10～20下，倒入杯中即可。

32/33

DRINK
100

夏威夷蜜茶

葡萄柚蜜茶

DRINK
100

夏威夷蜜茶

葡萄柚蜜茶

## 34* 夏威夷蜜茶

**｜材料｜**

紅茶包1個、熱開水60c.c.、鳳梨70g.、檸檬1/3個、香草冰淇淋35g.、蜂蜜30c.c.、冰塊200g.

**｜做法｜**

1. 鳳梨果肉切小塊；檸檬洗淨，取1/3個以湯匙挖出果肉後切小丁；將鳳梨丁和檸檬丁放入杯中。
2. 雪克壺中倒入熱開水，放入綠茶包，浸泡3分鐘後取出茶包。
3. 倒入香草冰淇淋，攪拌至溶解，加入蜂蜜及冰塊，蓋緊蓋子搖動10～20下，倒入杯中即可。

## 35* 葡萄柚蜜茶

**｜材料｜**

紅茶包1個、熱開水60c.c.、葡萄柚200g.、蜂蜜45c.c.、冰塊200g.

**｜做法｜**

1. 葡萄柚洗淨，取200g.壓汁成約120c.c.。
2. 雪克壺中倒入熱開水，放入紅茶包，浸泡3分鐘後取出茶包。
3. 倒入葡萄柚汁、蜂蜜及冰塊，蓋緊蓋子搖動10～20下，倒入杯中即可。

34/35

Tips

方塊茶是目前市面上很流行的飲料，將喜歡的水果壓汁後，以製冰盒製作冰塊，再加入調味材料搖勻即可；也可以泡好的咖啡做成咖啡冰磚，搭配出不同風味的茶喔！

# 36*
# 櫻桃方塊茶

| 材料 |

紅茶1個3g.、熱開水90c.c.、櫻桃20粒、蜂蜜30c.c.、冰水30c.c.

| 做法 |

1. 櫻桃洗淨去蒂，對切後壓汁成約150c.c.，倒入製冰盒，放入冰箱冷凍結成冰塊後倒入杯中。
2. 雪克壺中倒入熱開水，放入紅茶包，浸泡3分鐘後取出茶包。
3. 加入蜂蜜及冰水，蓋緊蓋子搖動10～20下，倒入杯中即可。

# 37*
# 葡萄柚蘭姆冰茶

|材料|

紅茶包2個、熱開水100c.c.、葡萄柚150g.、檸檬1/6個、白蘭姆酒30c.c.、糖水15c.c.、冰塊200g.

|做法|

1. 葡萄柚洗淨，取150g.壓汁成約75c.c.；檸檬洗淨，取1/6個壓汁成約5c.c.。
2. 雪克壺中倒入熱開水，放入紅茶包，浸泡3分鐘後取出茶包。
3. 倒入葡萄柚汁、檸檬汁、白蘭姆酒、糖水及冰塊，蓋緊蓋子搖動10～20下，倒入杯中即可。

# 38*
# 果汁雞尾酒茶

| 材料 |

紅茶包1個、熱開水60c.c.、葡萄柚果肉60g.、葡萄柚100g.、鳳梨果肉60g.、鳳梨汁15c.c.、糖水45c.c.、冰塊200g.

| 做法 |

1. 葡萄柚果肉切小丁；葡萄柚洗淨，取100g.壓汁成約60c.c.；鳳梨果肉切小丁，將葡萄柚丁及鳳梨丁放入杯中。
2. 雪克壺中倒入熱開水，放入紅茶包，浸泡3分鐘後取出茶包。
3. 倒入葡萄柚汁、鳳梨汁、糖水及冰塊，蓋緊蓋子搖動10～20下，倒入杯中即可。

| **材料** |

紅茶包2個、熱開水120c.c.、檸檬1/6個、白葡萄酒45c.c.、君度橙酒10c.c.、糖水1oz.、冰塊200g.

| **做法** |

**1.** 檸檬洗淨，取1/6個壓汁成約5c.c.。

**2.** 雪克壺中倒入熱開水，放入紅茶包，浸泡3分鐘後取出茶包。

**3.** 倒入檸檬汁、白葡萄酒、君度橙酒、糖水及冰塊，蓋緊蓋子搖動10～20下，倒入杯中即可。

# 39* 冰葡萄酒茶

**Tips**

**君度橙酒為新鮮柳橙加工製成，酸酸甜甜的，可至大型量販店如萬客隆或洋酒行購買。**

# 40* 貴妃冰茶

**材料**

紅茶包1個、熱開水100c.c.、芭樂汁90c.c.、檸檬1/6個、紅石榴汁30c.c.、蜂蜜30c.c.、糖水15c.c.、冰塊200g.

**做法**

1. 檸檬洗淨對切，取1/6個壓汁成約5c.c.。
2. 雪克壺中倒入熱開水，放入紅茶包，浸泡3分鐘後取出茶包。
3. 倒入芭樂汁、檸檬汁、紅石榴汁、蜂蜜、糖水及冰塊，蓋緊蓋子搖動10～20下，倒入杯中即可。

# 41* 蜂王茶

**材料**

紅茶包2個、熱開水120c.c.、檸檬1/6個、白蘭地酒15c.c.、蜂蜜45c.c.、冰塊200g.

**做法**

1. 檸檬洗淨，取1/6個壓汁成約5c.c.。
2. 雪克壺中倒入熱開水，放入紅茶包，浸泡3分鐘後取出茶包。
3. 倒入檸檬汁、白蘭地酒、蜂蜜及冰塊，蓋緊蓋子搖動10～20下，倒入杯中即可。

# 43*

# 柳橙蜜茶

**| 材料 |**

綠茶包1個、熱開水60c.c.、柳橙2 1 / 2個、柳橙汁30c.c.、蜂蜜45c.c.、冰塊200g.

**| 做法 |**

**1.** 柳橙洗淨，取2 1 / 2個壓汁成約120c.c.。

**2.** 雪克壺中倒入熱開水，放入綠茶包，浸泡3分鐘後取出茶包。

**2.** 倒入所有柳橙汁、蜂蜜及冰塊，蓋緊蓋子搖動10～20下，倒入杯中即可。

# 42*

# 南洋波蘿蜜紅茶

**| 材料 |**

紅茶包1個、熱開水60c.c.、香草冰淇淋30g.、鳳梨汁90c.c.、蜂蜜15c.c.、冰塊200g.

**| 做法 |**

**1.** 雪克壺中倒入熱開水，放入紅茶包，浸泡3分鐘後取出茶包。

**2.** 加入香草冰淇淋，攪拌至溶解，再倒入鳳梨汁、蜂蜜及冰塊，蓋緊蓋子搖動10～20下，倒入杯中即可。

**Tips**

市售100％柳橙原汁，須加入1倍的冷開水（30c.c.）稀釋後才倒入雪克壺中。

# 44*

## 珍珠奶茶

| 材料 |

煮好的粉圓20g.、紅茶包2個、熱開水150c.c.、奶精粉12g.、細砂糖8g.、冰塊200g.

| 做法 |

1. 取20g.煮好的粉圓放入杯中。
2. 雪克壺中倒入熱開水，放入紅茶包，浸泡3分鐘後取出茶包，加入奶精粉及其他材料，蓋緊蓋子搖動10搖動10～20下，倒入杯中即可。

# 45*

## 英式冰奶茶

| 材料 |

紅茶包2個、熱開水150c.c.、奶精粉8g.、巧克力醬30c.c.、玉桂粉1g.、冰塊200g.

| 做法 |

1. 雪克壺中倒入熱開水，放入紅茶包，浸泡3分鐘。
2. 取出茶包，加入奶精粉、巧克力醬、玉桂粉攪拌至溶解，再加入冰塊，蓋緊蓋子搖動10～20下，倒入杯中即可。

# 47* 椰香冰奶茶

| 材料 |

紅茶包2個、熱開水150c.c.、奶精粉8g.、椰漿粉16g.、細砂糖8g.、冰塊200g.

| 做法 |

1. 雪克壺中倒入熱開水，放入紅茶包，浸泡3分鐘。
2. 取出茶包，加入奶精粉、椰漿粉攪拌至溶解，再加入細砂糖、冰塊，蓋緊蓋子搖動10～20下，倒入杯中即可。

# 46* 杏仁冰奶茶

| 材料 |

紅茶包2個、熱開水150c.c.、奶精粉8g.、杏仁粉16g.、細砂糖8g.、冰塊200g.

| 做法 |

1. 雪克壺中倒入熱開水，放入紅茶包，浸泡3分鐘。
2. 取出茶包，加入奶精粉、杏仁粉攪拌至溶解，再加入細砂糖、冰塊，蓋緊蓋子搖動10～20下，倒入杯中即可。

胚芽奶茶

歐風奶茶

# 48* 胚芽奶茶

Tips
胚芽粉可至迪化街或大型量販店購買。

| 材料 |

紅茶包2個、熱開水150c.c.、奶精粉8g.、胚芽粉16g.、細砂糖8g.、冰塊200g.

| 做法 |

1. 雪克壺中倒入熱開水，放入紅茶包，浸泡3分鐘。
2. 取出茶包，加入奶精粉、胚芽粉攪拌至溶解，再加入細砂糖、冰塊，蓋緊蓋子搖動10～20下，倒入杯中即可。

# 49* 歐風奶茶

Tips
冰淇淋可以自己選擇各種口味。

| 材料 |

紅茶包2個、熱開水150c.c.、奶精粉8g.、細砂糖8g.、巧克力冰淇淋30g.、白蘭地酒5c.c.、冰塊200g.

| 做法 |

1. 雪克壺中倒入熱開水，放入紅茶包，浸泡3分鐘。
2. 取出茶包，加入奶精粉攪拌至溶解，再加入細砂糖、巧克力冰淇淋、白蘭地酒及冰塊，蓋緊蓋子搖動10～20下，倒入杯中即可。

綠豆沙奶茶

芋頭沙奶茶

# 50*
# 綠豆沙奶茶

| 材料 |

紅茶包2個、熱開水150c.c.、奶精粉8g.、綠豆沙粉16g.、細砂糖8g.、冰塊200g.

| 做法 |

1. 雪克壺中倒入熱開水，放入紅茶包，浸泡3分鐘。
2. 取出茶包，加入奶精粉、綠豆沙粉攪拌至溶解，再加入細砂糖、冰塊，蓋緊蓋子搖動10～20下，倒入杯中即可。

# 51*
# 芋頭沙奶茶

| 材料 |

紅茶包2個、熱開水150c.c.、奶精粉8g.、芋頭沙粉16g.、細砂糖8g.、冰塊200g.

| 做法 |

1. 雪克壺中倒入熱開水，放入紅茶包，浸泡3分鐘。
2. 取出茶包，加入奶精粉、芋頭沙粉攪拌至溶解，再加入細砂糖、冰塊，蓋緊蓋子搖動10～20下，倒入杯中即可。

50/51

## Step by Step
# 做出健康好喝的蔬果汁

炎炎夏日裡，就讓我們在家大口暢飲蔬果汁，完全不必擔心衛生問題。要製作出好喝的蔬果汁不是難事，只要依照書中的配方，一步一步仔細製作，就可不出門也喝得到優質的美味蔬果汁。

### ✻做法

1. 蔬果洗淨，去皮及核籽後切小塊（圖1、2）。
2. 將蔬果、冰塊及其他材料放入果菜機中（圖3）。
3. 以高速攪打40秒鐘即可（圖4）。

＊以果汁機製作果汁，冰塊須先以冰袋或厚布包裹後敲碎，再放入果汁機中與其他材料一起攪打，才不會損壞果汁機；也可以直接用果菜機，冰塊不必敲碎，但價格比果汁機稍貴了些。建議你製作蔬果汁，最好選擇果菜機，因為硬質的蔬菜（如蘿蔔、竹筍等）須藉由鋒利的刀片才容易攪打均勻。

### ✻做出好喝果汁的訣竅

1. 最好選擇當令盛產的蔬果，較新鮮且便宜；重量相等的水果應以水份重者為宜，蔬菜以葉片翠綠不泛黃為佳。蔬果應盡量切小塊，方便果汁（菜）機攪打均勻。
2. 買回來的蔬果務必清洗乾淨，可使用清水洗滌；若怕農藥清洗不完全，可用少量的麵粉水或洗米水先浸泡3～5分鐘，再以清水洗淨。
3. 所有材料的份量要確實稱量，不可任意刪減，材料過少會沒味道；過多容易太濃。
4. 新鮮、營養又好喝的蔬果汁，應該現打現喝，若蔬果汁放置過久，與空氣接觸後容易產生氧化，而造成營養的流失。

# THREE 痛快喝果汁

手打現搾新鮮衛生蔬果汁，一口喝完……

# 柳橙汁

**Tips**

若用雪克壺搖勻果汁，則冰塊不需要敲碎，敲碎後果汁反而太稀而沒味道；若用果汁機攪打，則冰塊需敲碎，才不會損壞果汁機。

**｜材料｜**

柳橙3個、糖水30c.c.、冷開水30c.c.、冰塊120g.

**｜做法｜**

1. 柳橙洗淨，對切後壓汁。
2. 將柳橙汁及其他材料倒入雪克壺中，蓋緊蓋子搖動10～20下，倒入杯中即可。

# 53* 檸檬汁

**材料**

檸檬2個、糖水45c.c.、蜂蜜30c.c.、冷開水60c.c.、冰塊120g.

**做法**

1. 檸檬洗淨，對切後壓汁。
2. 將檸檬汁及其他材料倒入雪克壺中，蓋緊蓋子搖動10～20下，倒入杯中即可。

百香果汁

奇異果汁

# 百香果汁

| 材料 |

百香果3個、煉乳30c.c.、檸檬1/2個、蜂蜜15c.c.、冷開水100c.c.、碎冰100g.

| 做法 |

1. 百香果洗淨，對切後挖出果肉。
2. 碎冰、百香果及其他材料放入果汁機中，以高速攪打30秒鐘即可。

# 55
# 奇異果汁

| 材料 |

奇異果2個、柳橙11/3個、糖水30c.c.、蜂蜜15c.c.、碎冰100g.

| 做法 |

1. 奇異果洗淨對切，挖出果肉；柳橙洗淨，取11/3個壓汁。
2. 碎冰、奇異果及其他材料放入果汁機中，以高速攪打30秒鐘即可。

54/55

# 56* 鳳梨木瓜汁

| 材料 |

鳳梨45g.、木瓜45g.、蘋果1/4個、柳橙1個、糖水30c.c.、冷開水80c.c.、碎冰30g.

| 做法 |

1. 鳳梨果肉切小塊；木瓜洗淨，去皮及籽後切小塊；蘋果洗淨，去皮及核籽切小塊；柳橙洗淨，對切後壓汁。
2. 碎冰、鳳梨及其他材料放入果汁機中，以高速攪打30秒鐘即可。

# 57* 香蕉葡萄汁

| 材料 |

香蕉21/2根、白或紫葡萄10粒、糖水15c.c.、冷開水50c.c.、碎冰100g.

| 做法 |

1. 香蕉去皮後切小塊；葡萄洗淨，剝皮去籽。
2. 碎冰、香蕉及其他材料放入果汁機中，以高速攪打30秒鐘即可。

# 59*
# 楊桃鳳梨汁

| 材料 |

楊桃1/2個、鳳梨100g.、檸檬1/2個、糖水30c.c.、冷開水60c.c.、碎冰60g.

| 做法 |

1. 楊桃洗淨，去籽後切小塊；鳳梨果肉切小塊；檸檬洗淨對切，取1/2個壓汁。
2. 碎冰、楊桃及其他材料放入果汁機中，以高速攪打30秒鐘即可。

# 58*
# 鳳梨可爾必思

| 材料 |

鳳梨200g.、可爾必思105c.c.、糖水15c.c.、碎冰80g.

| 做法 |

1. 鳳梨果肉切小塊。
2. 碎冰、鳳梨及其他材料放入果汁機中，以高速攪打30秒鐘即可。

DRINK 100

金桔檸檬汁

# 金桔檸檬汁

**｜材料｜**

金桔10粒、柳橙2/3個、檸檬1/6個、糖水30c.c.、蜂蜜30c.c.、冷開水50c.c.、冰塊100g.

**｜做法｜**

1. 金桔洗淨，切半後壓汁，將金桔皮放入杯中；柳橙洗淨，取2/3個壓汁；檸檬洗淨，取1/6個壓汁。
2. 將金桔汁及其他材料倒入雪克壺中，蓋緊蓋子搖動10～20下，倒入杯中即可。

# 61* 火龍果汁

**|材料|**

火龍果150g.、鳳梨50g.、糖水30c.c.、冷開水60c.c.、碎冰100g.

**|做法|**

**1.** 火龍果洗淨，對切後挖出果肉切小塊；鳳梨果肉切小塊。

**2.** 碎冰、火龍果及其他材料放入果汁機中，以高速攪打30秒鐘即可。

# 62 木瓜牛奶蛋蜜汁

**|材料|**

木瓜100g.、鮮奶90c.c.、蛋黃1個、糖水30c.c.、冷開水60c.c.、碎冰60g.

**|做法|**

**1.** 木瓜洗淨，去皮及籽後切小塊。

**2.** 碎冰、木瓜及其他材料放入果汁機中，以高速攪打30秒鐘即可。

# 63*
# 哈密瓜牛奶

|材料|

哈密瓜200g.、鮮奶80c.c.、糖水30c.c.、碎冰100g.

|做法|

1. 哈密瓜洗淨，去皮及籽後切小塊。
2. 碎冰、哈密瓜及其他材料放入果汁機中，以高速攪打30秒鐘即可。

# 64* 哈密瓜檸檬汁

哈密瓜200g.、檸檬1/2個、糖水 30c.c.、蜂蜜15c.c.、冷開水90c.c.、碎冰100g.

**做法**

1. 哈密瓜洗淨，去皮及籽後切小塊；檸檬洗淨對切，取1/2個壓汁。
2. 碎冰、哈密瓜及其他材料放入果汁機中，以高速攪打30秒鐘即可。

DRINK
100
奇異果優格汁
奇異果柳橙汁

# 65* 奇異果優格汁

**Tips**
如果想做草莓優格汁、藍莓優格汁或其他水果優格汁，可以選擇同類的水果優格搭配，才不會做出不對味的優格果汁。

| 材料 |

奇異果2個、原味優格70g.、蜂蜜30c.c.、冷開水80c.c.、碎冰100g.

| 做法 |

1. 奇異果洗淨對切，挖出果肉，切小塊備用。
2. 碎冰、奇異果及其他材料放入果汁機中，以高速攪打30秒鐘即可。

# 66* 奇異果柳橙汁

| 材料 |

奇異果2個、柳橙2個、糖水30c.c.、蜂蜜15c.c.、冷開水40c.c.、碎冰80g.

| 做法 |

1. 奇異果洗淨，對切後挖出果肉；柳橙洗淨，對切後壓汁。
2. 碎冰、奇異果及其他材料放入果汁機中，以高速攪打30秒鐘即可。

65/66

DRINK
100
蘋果優酪乳
蘋果冰淇淋

# 67* 蘋果優酪乳

**材料**

蘋果1/2個、原味優酪乳60c.c.、蜂蜜30c.c.、冷開水80c.c.、碎冰100g.

**做法**

1. 蘋果洗淨，去皮及核籽後切小塊。
2. 碎冰、蘋果及其他材料放入果汁機中，以高速攪打30秒鐘即可。

# 68* 蘋果冰淇淋

**材料**

蘋果1個、鮮奶45c.c.、巧克力冰淇淋35g.、糖水30c.c.、冷開水30c.c.、碎冰30g.

**做法**

1. 蘋果洗淨，去皮及核籽後切小塊。
2. 碎冰、蘋果及其他材料放入果汁機中，以高速攪打30秒鐘即可。

67/68

DRINK
100
芬蘭果汁
蛋蜜汁

# 69* 芬蘭果汁

**Tips**

紅石榴汁為新鮮紅石榴果實加工製成的糖漿，多半用來調配雞尾酒和冷熱飲料，可以增加飲品的口味及美感。

| 材料 |

檸檬1/3個、鳳梨汁15c.c.、柳橙汁15c.c.、紅石榴汁15c.c.、蛋黃1個、鮮奶30c.c.、蜂蜜30c.c.、冷開水80c.c.、冰塊100g.

| 做法 |

1. 檸檬洗淨，取1/3個壓汁。
2. 將檸檬汁及其他材料倒入雪克壺中，蓋緊蓋子搖動10～20下，倒入杯中即可。

# 70* 蛋蜜汁

| 材料 |

鳳梨20g.、柳橙1/2個、檸檬1/6個、鮮奶90c.c.、蛋黃1個、蜂蜜10c.c.、冷開水45c.c.、冰塊100g.

| 做法 |

1. 鳳梨果肉切小塊後壓汁；柳橙洗淨對切，取1/2個壓汁；檸檬洗淨，取1/6個壓汁。
2. 將鳳梨汁及其他材料倒入雪克壺中，蓋緊蓋子搖動10～20下，倒入杯中即可。

DRINK 100

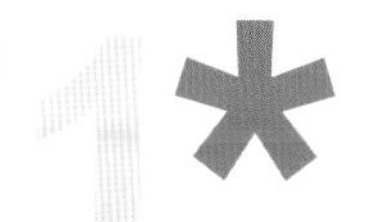

# 71* 葡萄柚蘇打

**Tips**
葡萄柚可以選擇其他水果代替，變化出各種口味的水果蘇打。白汽水可選擇雪碧、黑松、七喜或蘇打汽水；白汽水不可放入雪克壺中與其他材料搖動，會產生氣爆。

|材料|
葡萄柚1/2個、糖水30c.c.、冰塊90g.、白汽水80c.c.

|做法|
1. 葡萄柚洗淨，對切後壓汁。
2. 將葡萄柚汁、糖水及冰塊倒入雪克壺中，蓋緊蓋子搖動10～20下後倒入杯中，再倒入白汽水，飲用時拌勻即可。

# 72* 葡萄柚汁

|材料|
葡萄柚1 1/2個、糖水30c.c.、冷開水30c.c.、冰塊120g.

|做法|
1. 葡萄柚洗淨，取1 1/2個壓汁。
2. 將葡萄柚汁及其他材料倒入雪克壺中，蓋緊蓋子搖動10～20下，倒入杯中即可。

71/72

# 73*

## 紅蘿蔔蔬果汁

**|材料|**

紅蘿蔔1/2條、芹菜100g.、蘋果1個、糖水30c.c.、蜂蜜15c.c.、冰塊70g.

1. 紅蘿蔔洗淨，去皮切小塊；芹菜去葉洗淨，切小段；蘋果洗淨，去皮及核籽切小塊。
2. 冰塊、紅蘿蔔及其他材料放入果菜機中，以高速攪打40秒鐘即可。

# 74*

## 香蕉柚菜汁

**|材料|**

香蕉1根、葡萄柚1/2個、花椰菜100g.、芹菜60g.、糖水30c.c.、冷開水100c.c.、冰塊100g.

1. 香蕉去皮，切小塊；葡萄柚洗淨對切，挖出果肉；花椰菜分成小株後洗淨；芹菜去葉洗淨，切小段備用。
2. 冰塊、香蕉及其他材料放入果菜機中，以高速攪打40秒鐘即可。

# 75*

# 山苦瓜蜂蜜汁

| **材料** |

山苦瓜100g.、蜂蜜45c.c.、冷開水100c.c.、冰塊100g.

**1.** 山苦瓜洗淨對切，去籽及絨毛後切小塊。

**2.** 冰塊、山苦瓜及其他材料放入果菜機中，以高速攪打40秒鐘即可。

# 76*

# 馬鈴薯蓮藕汁

| **材料** |

馬鈴薯80g.、蓮藕80g.、蜂蜜30c.c.、冷開水80c.c.、冰塊60g.

**1.** 馬鈴薯及蓮藕洗淨，均去皮煮熟，待涼後切小塊。

**2.** 冰塊、馬鈴薯及其他材料放入果菜機中，以高速攪打40秒鐘即可。

蕃茄蜂蜜汁
蕃茄牛奶

# 77*
# 蕃茄蜂蜜汁

|材料|

蕃茄2 1/2個、蜂蜜30c.c.、冷開水50c.c.、冰塊100g.

|做法|

1. 蕃茄洗淨，去蒂後切小塊。
2. 冰塊、蕃茄及其他材料放入果菜機中，以高速攪打40秒鐘即可。

# 78*
# 蕃茄牛奶

|材料|

蕃茄1 1/2個、牛奶90c.c.、蜂蜜30c.c.、冷開水100c.c.、冰塊60g.

|做法|

1. 蕃茄洗淨，去蒂後切小塊。
2. 冰塊、蕃茄及其他材料放入果菜機中，以高速攪打40秒鐘即可。

77/78

DRINK

100

金針菠菜汁

◆蔬果含有豐富的營養，平時多飲用不但可以保持粉嫩肌膚，且可以做體內環保；若不喜歡蔬果汁含有過多的纖維，可先以過濾網過濾較粗糙的纖維，但建議你可以將攪打蔬果的時間延長10秒鐘。多攝取食物的纖維可幫助消化且有飽足感，不容易想吃東西，可達到減肥目的喔。

# 79*
# 金針菠菜汁

**Tips**
硬質的食材（如冰塊、紅蘿蔔、薏仁等）應選擇果菜機攪打，因為果菜機的刀鋒比果汁機利。

**材料**
金針花60g.、菠菜60g.、蔥白60g.、蜂蜜30c.c.、冷開水80c.c.、冰塊70g.

**做法**
1. 金針花洗淨；蔥白、菠菜洗淨切小段。
2. 冰塊、金針花及其他材料放入果菜機中，以高速攪打40秒鐘即可倒入杯中。

# 80*
# 青椒蘋果汁

|材料|

青椒1個、蘋果1個、蕃茄1個、糖水30c.c.、鹽少許、冰塊70g.

|做法|

1. 青椒洗淨，去蒂及籽後切小塊；蕃茄洗淨，去蒂切小塊；蘋果洗淨，去皮及核籽後切小塊。
2. 冰塊、青椒及其他材料放入果菜機中，以高速攪打40秒鐘即可。

# 81*
# 甜椒綜合汁

|材料|

紅甜椒70g.、黃甜椒70g.、青椒70g.、糖水30c.c.、冷開水100c.c.、冰塊60g.

|做法|

1. 紅甜椒、黃甜椒及青椒洗淨，去蒂及籽後切小塊。
2. 冰塊、紅甜椒及其他材料放入果菜機中，以高速攪打40秒鐘即可。

◆精力湯與活力湯是目前市面上非常流行的有機蔬果汁，每家的材料配方不大一樣，但多以芽菜、野菜、堅果及水果為主，利用果菜機攪打後過濾，即是清腸胃、解除油膩及改善體質的蔬果汁，每天早上空腹喝一杯，可讓你精神活力百倍。建議你在家製作時，不要過濾蔬果渣，因為蔬果的纖維及營養對人體有許多的益處，細細咀嚼會發現滿好吃的。

# 精力湯

Tips
薏仁性微寒，具利尿、去濕的功效，懷孕期間忌食。

|材料|

薏仁25g.、核桃25g.、松子25g.、山蘇25g.、苜宿芽25g.、綠豆芽25g.、葡萄柚1/2個、水400c.c.

|做法|

1. 薏仁、核桃、松子、苜宿芽及綠豆芽洗淨；山蘇洗淨，切小段；葡萄柚洗淨對切，取1/2個壓汁。
2. 鍋中倒入水，以大火煮滾後，放入薏仁、核桃及松子，轉中火煮約5分鐘，熄火，倒入雪克壺中。
3. 先將雪克壺放入大鍋內隔冰水冷卻，再將薏仁核桃汁及其他材料放入果菜機中，以高速攪打40秒鐘即可。

83*

# 活力湯

|材料|

蓮子25g.、松子25g.、無花果乾25g.、菠菜25g.、豌豆苗25g.、柳橙1個、水400c.c.

|做法|

1. 蓮子、松子、無花果乾及豌豆苗洗淨；菠菜洗淨，切小段；柳橙洗淨，對切後壓汁。
2. 鍋中倒入水，以大火煮滾後，放入蓮子、松子及無花果，轉中火煮約5分鐘，熄火；倒入雪克壺中。
3. 先將雪克壺放入大鍋內隔冰水冷卻，再將蓮子松子汁及其他材料放入果菜機中，以高速攪打40秒鐘即可。

# FOUR 喝咖啡好品味

風行全世界的經典冰咖啡，在家獨享……

Step by Step

# 做出香濃好喝的義式咖啡

要享受香濃好喝的咖啡，建議使用義大利咖啡粉(豆)和時下流行的義大利蒸餾咖啡壺，即市面上常稱的摩卡壺來煮咖啡；利用高壓蒸氣瞬間萃取的咖啡香味特別濃厚好喝，且外型輕巧美觀、操作簡單、沖煮時間短、價格約1,000~3,000元，非常適合一般家庭使用。

## ＊做法

**份量**：60c.c.咖啡

**材料**：義大利咖啡粉16g.（約2大匙）、水80c.c.

**1.**將水倒入咖啡壺的下壺，咖啡粉盛器放入下壺中，再倒入咖啡粉。

**2.**取1張濾紙沾濕，平鋪於咖啡壺的下壺瓶口表面。

**3.**上壺置於下壺上方，緊鎖後置於鐵架上。

**4.**以酒精燈加熱，至蒸氣上升及水滾即可熄火。

**5.**要製作冰咖啡，可將煮好的咖啡倒入雪克壺中，蓋緊蓋子。

**6.**放入大鍋中，以外縮法隔冰水冷卻即可。

＊酒精燈可以瓦斯爐代替，將咖啡壺放在瓦斯爐上，以大火煮至滾，轉小火續煮**45**秒鐘即可。雪克壺可以不鏽鋼的鍋子替代，須具耐熱耐冰的特質，以免因熱漲冷縮而造成破裂。

＊咖啡的種類：藍山味道清香順口、不具苦味，摩卡具獨特的酸性，義大利香味濃，曼特寧偏苦。

## 做出好喝咖啡的訣竅

**1.**如果要沖煮份量更多的咖啡，務必等比例增加材料的份量。

**2.**放入咖啡壺的咖啡粉以八分滿較佳，避免咖啡粉遇水膨脹而溢出，且容易破壞咖啡原味。

**3.**沖泡咖啡的機器，選擇義大利蒸餾咖啡壺或虹吸式咖啡壺，煮出來的咖啡較香濃；也可以使用美式咖啡機煮咖啡，放入30g.咖啡粉、100c.c.水，約可煮50~60c.c.的咖啡，但口味平凡且咖啡較稀。

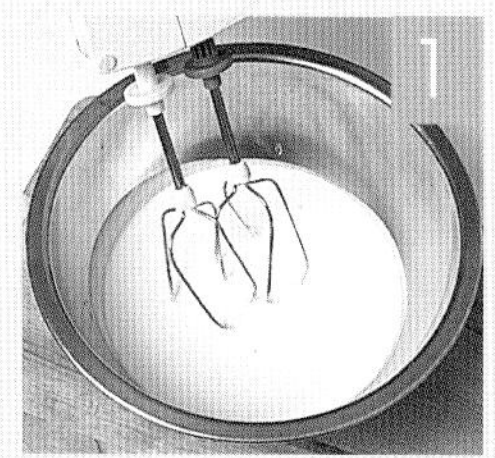

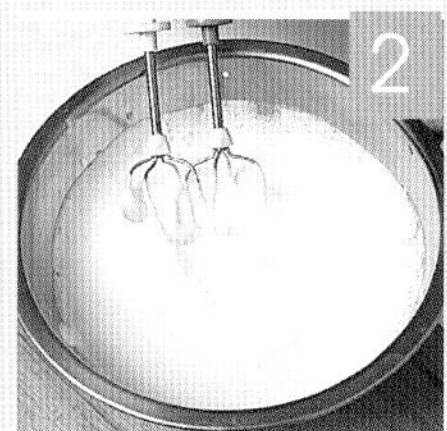

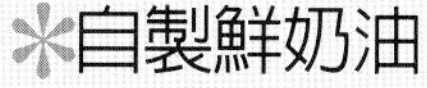

## 自製鮮奶油

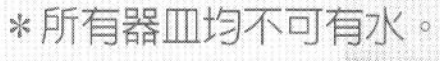

＊所有器皿均不可有水。

＊要同一個方向打，順時鐘或逆時鐘皆可。

**1.**將市售的液態鮮奶油200c.c.倒進打蛋盆中，用打蛋器以低速攪打（圖1）。

**2.**至鮮奶由起泡後，加入8g.白砂糖，轉中速攪打，等糖溶的差不多時，加入香草粉1g.繼續打（圖2）。

**3.**當舉起打蛋器鮮奶油可立起，尖端不會垂下，成霜狀即成（圖3）。

**4.**放入擠花袋即可擠出鮮奶油花。

## 自製好喝冰咖啡不敗3大秘密

**1.**動作要快，否則冰塊很容易溶於水，如此咖啡就會太淡。

**2.**製作之前請將所有的材料找好。

**3.**需要用碎冰時，請將碎冰先準備好，最好是先把咖啡煮好，用外縮法將咖啡隔冰水冷卻，冷卻的同時，請將碎冰準備好。

# 84*
# 彩虹冰咖啡

**材料**

冰咖啡120c.c.、蜂蜜15c.c、鮮奶油適量、紅石榴汁10c.c、草莓冰淇淋1小球、碎冰160g.、紅櫻桃1顆

**做法**

1. 咖啡煮好以外縮法冷卻備用（做法見P.94）。
2. 將蜂蜜加入咖啡中，以酒吧長匙稍稍攪拌。
3. 倒入紅石榴汁。
4. 將碎冰倒入杯中，再倒入冰咖啡。
5. 擠上一圈鮮奶油，加上草莓冰淇淋即成。

# 85
# 墨西哥落日冰咖啡

| 材料 |

冰咖啡120c.c.、果糖30c.c、蛋黃1顆、綠薄荷酒15c.c.、鮮奶油適量.、碎冰60g.

| 做法 |

1. 咖啡煮好以外縮法冷卻備用（做法見P.94）。
2. 將果糖加入咖啡中，以酒吧長匙稍稍攪拌。
3. 杯中加入碎冰，倒入冰咖啡。
4. 加入蛋黃，擠上一層鮮奶油，最後淋上綠薄荷酒即成。

DRINK
100

冰拿鐵跳舞咖啡

# 86*

# 冰拿鐵跳舞咖啡

Tips

冰拿鐵是在牛奶中加入果糖，增加比重，依各成分比重不同，由上而下分為奶泡，咖啡，牛奶三層，以透明玻璃果汁杯盛裝，在視覺上是很美的一幅畫。咖啡與牛奶會隨時間逐漸交溶，在兩兩交界處呈現躍動的畫面，因此被喚為「跳舞咖啡」。

| 材料 |

冰咖啡120c.c.、果糖30c.c.、鮮奶100c.c.、碎冰60g.

| 做法 |

1. 咖啡煮好，以外縮法冷卻備用（做法見P.94）。
2. 杯中加入果糖、鮮奶、碎冰。
3. 以酒吧長匙約略將果糖勾連至鮮奶及碎冰中。
4. 再以酒吧長匙的湯杓擋住咖啡衝力，徐徐將咖啡倒入杯中。

# 88* 拉姆冰咖啡

| 材料 |

冰咖啡120c.c.、果糖30c.c.、藍柑酒30c.c.、碎冰180g.

| 做法 |

1. 咖啡煮好，以外縮法冷卻備用（做法見P.94）。
2. 加入碎冰，再加入糖水。
3. 加入藍柑酒，最後倒入冰咖啡即成。

# 87* 魔幻飄浮冰咖啡

| 材料 |

冰咖啡120c.c.、果糖30c.c.、巧克力膏15c.c.、鮮奶油適量、巧克力冰淇淋1小球、七彩米少許

| 做法 |

1. 咖啡煮好，加入果糖攪拌均勻，以外縮法冷卻備用（做法見P.94）。
2. 將巧克力膏倒入杯中，再倒入冰咖啡。
3. 擠上一層鮮奶油，加上巧克力冰淇淋，撒上少許七彩米即成。

# 89*

## 哥布基諾冰咖啡

| 材料 |

冰咖啡120c.c.、白砂糖8g.、鮮奶油適量、巧克力膏15c.c.、碎冰180g.、玉桂粉少許

| 做法 |

1. 咖啡煮好，加入白砂糖攪拌均勻，冷卻備用。
2. 將碎冰倒入杯中，加入咖啡。
3. 擠上一層鮮奶油、巧克力膏，最後撒上少許玉桂粉即成。

# 90*

## 飄浮冰咖啡

| 材料 |

冰咖啡120c.c.、果糖30c.c.、鮮奶油適量、香草冰淇淋1中球、碎冰180g.

| 做法 |

1. 咖啡煮好以外縮法冷卻備用（做法見P.94）。
2. 將果糖加入咖啡中，以酒吧長匙稍稍攪拌。
3. 將碎冰倒入杯中，再倒入冰咖啡。
4. 擠上一層鮮奶油，加上香草冰淇淋即成。

# 91* 戀戀風情三合一冰咖啡

| 材料 |

冰咖啡120c.c.、果糖30c.c.、奶精粉1/2oz.、冰塊200g.

| 做法 |

1. 咖啡煮好以外縮法冷卻備用（做法見P. 94）。
2. 雪克杯中依序加入冰咖啡、奶精粉、果糖及冰塊Shake15下即可倒入杯中。

# 92* 奧雷冰咖啡

| 材料 |

冰咖啡120c.c.、果糖30c.c.、鮮奶120c.c.、碎冰180g.

| 做法 |

1. 咖啡煮好，以外縮法冷卻備用（做法見P.94）。
2. 將果糖倒入杯中，之後再加入碎冰。
3. 倒入鮮奶，最後再倒入冰咖啡即成。

# 94* 亞歷山大冰咖啡

| 材料 |

冰咖啡120c.c.、白砂糖8g.、奶精粉8g.、白蘭地15c.c.、巧克力膏10c.c.、冰塊180g.

| 做法 |

1. 咖啡煮好，加入白砂糖攪拌均勻，倒入雪克壺中。
2. 依序加入奶精粉、白蘭地、巧克力膏及冰塊，Shake約15下即成。

# 93* 愛爾蘭冰咖啡

| 材料 |

義大利咖啡120c.c.、白砂糖8g.、愛爾蘭威士忌酒15c.c. 、鮮奶120c.c.、鮮奶油適量、冰塊180g.

| 做法 |

1. 將鮮奶油之外的全部材料倒入雪克壺中Shake約15下。
2. 徐徐倒入杯中，擠上一層鮮奶油即成。

# 96*

## 椰乳冰咖啡

| 材料 |

冰咖啡120c.c.、椰奶60c.c.、鳳梨片2片、香草冰淇淋1小球、碎冰120g.、鮮奶油適量、七彩米少許

| 做法 |

1. 咖啡煮好以外縮法冷卻備用（做法見P.94）。
2. 鳳梨切細碎。
3. 將冰咖啡、椰奶、鳳梨碎及冰淇淋一起倒入果汁機中攪打30秒即可倒入杯中。
4. 擠上一層鮮奶油、撒上七彩米裝飾。

# 95*

## 翡冷翠冰咖啡

| 材料 |

冰咖啡120c.c.、果糖30c.c.、鮮奶油適量、香草冰淇淋1中球、綠薄荷酒15c.c.、碎冰180g.、七彩米少許

| 做法 |

1. 咖啡煮好以外縮法冷卻備用（做法見P.94）。
2. 將果糖加入咖啡中，以酒吧長匙稍稍攪拌。
3. 杯中加入碎冰，倒入冰咖啡。
4. 擠上一層鮮奶油、放上香草冰淇淋，最後再淋上綠薄荷酒、裝飾七彩米即成。

# 98* 茉莉綠茶咖啡

| 材料 |

冰咖啡120c.c.、蜂蜜30c.c.、茉莉綠茶120c.c.、碎冰180g.、鮮奶油適量、綠茶粉少許

| 做法 |

**1.** 咖啡煮好以外縮法冷卻備用（做法見P.94）。

**2.** 將蜂蜜、碎冰、茉莉花茶及冰咖啡依序倒入杯中。

**3.** 擠上一層鮮奶油即成。

**4.** 可撒上綠茶粉裝飾。

# 97* 霜冰咖啡

| 材料 |

冰咖啡120c.c.、果糖30c.c.、白汽水120 c.c.、碎冰150g.

| 做法 |

**1.** 咖啡煮好，加入糖水攪拌均勻，以外縮法冷卻備用（做法見P.94）。

**2.** 將碎冰倒入杯中，倒入冰咖啡。

**4.** 最後倒入白汽水即成。

# 99* 拉丁冰咖啡

| 材料 |

冰咖啡120c.c.、果糖30c.c.、綠薄荷酒30c.c.、碎冰180g.、鮮奶油適量

| 做法 |

1. 咖啡煮好後加入果糖，以外縮法冷卻備用（做法見P.94）。
2. 杯中加入碎冰，倒入冰咖啡。
3. 擠上一層鮮奶油，淋入綠薄荷酒即成。

# 100*

# 夏威夷激情冰咖啡

**材料**

冰咖啡120c.c.、果糖30c.c.、紅石榴汁20c.c.、鮮奶油適量、鳳梨片20g、碎冰180g.、玫瑰花瓣少許

**做法**

1. 咖啡煮好以外縮法冷卻備用（做法見P.17），鳳梨片切小丁。
2. 將糖水、碎冰、紅石榴汁及冰咖啡依序倒入杯中。
3. 擠上一層鮮奶油，撒上鳳梨丁及玫瑰花瓣即成。

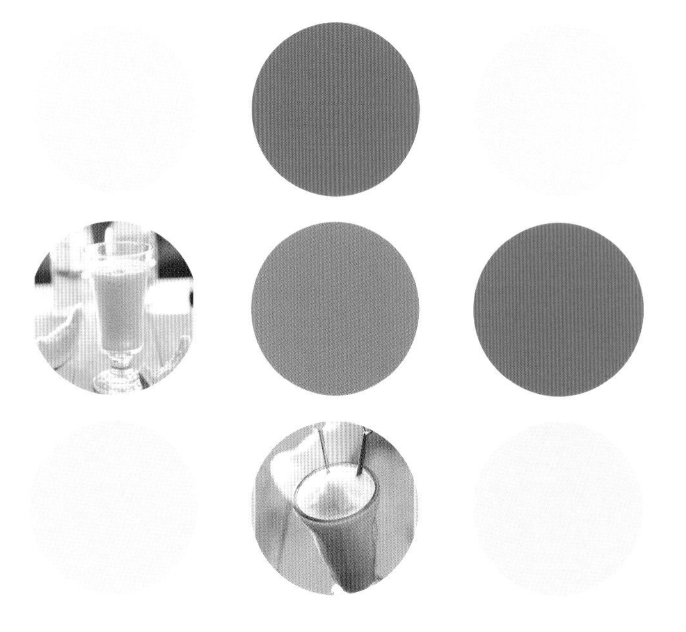

國家圖書館出版品預行編目資料
暢飲100：冰砂、冰咖啡、冰茶&果汁／蔣馥安 著.一初版一台北市：
朱雀文化，2005〔民94〕
面； 公分，--（Volume；01）
ISBN 986-7544-46-3（平裝）
1.冷飲
427.46 94011160

出版登記北市業字第1403號


# 暢飲100

## 冰砂・冰咖啡・冰茶&果汁

Volume 01

作　　者 蔣馥安　攝　影 張緯宇、廖家威　美術設計 許淑君　食譜企劃編輯 洪依蘭
企畫統籌 李　橘　發行人 莫少閒　出版者 朱雀文化事業有限公司
地　　址 台北市基隆路二段13-1號3樓　電話 (02)2345-3868　傳真 (02)2345-3828
劃撥帳號 19234566 朱雀文化事業有限公司　e-mail redbook@ms26.hinet.net
網　　址 http://redbook.com.tw　總經銷 展智文化事業股份有限公司
I S B N 986-7544-46-3　初版一刷 2005.07
定　　價 280元　特　　價 169元　出版登記 北市業字第1403號